Bibliografische Information der Deutschen Nationalbibliothek:

Die Deutsche Bibliothek verzeichnet diese Publikation in der Deutschen National-
bibliografie; detaillierte bibliografische Daten sind im Internet über http://dnb.d-
nb.de/ abrufbar.

Impressum:

Copyright © 2018 GRIN Verlag
Druck und Bindung: Books on Demand GmbH, Norderstedt Germany
ISBN: 9783668748538

Dieses Buch bei GRIN:

https://www.grin.com/document/432212

Nora Schrader

Die Plasmolyse. Weshalb wird mein Zwiebelsalat mit Dressing nach kurzer Zeit welk?

GRIN Verlag

Landesinstitut für
Lehrerbildung und

Schulentwicklung

Abteilung
Ausbildung

Lehrkraft (iV):

Hauptseminarleitung:

Fachseminarleitung:

Schule: Stadtteilschule

Adresse:

Telefon:

Schulleitung:

Stellvertr. Schulleitung:

Lerngruppe: Jahrgang 11 (22 SuS; 15 w, 7 m)

Datum: 2018

Uhrzeit:

Raum:

Treffpunkt:

<u>Teilnehmende der Hospitation</u>

Hauptseminarleitung:

Mentor:

Liv(s):

Thema des Lernvorhabens:	**Stofftransport und Biomembranen**
Überthema der Unterrichtseinheit:	**Die Zelle als osmotisches System**
Thema der Doppelstunde:	**(Die Plasmolyse) – Weshalb wird mein Zwiebelsalat mit Dressing nach kurzer Zeit welk?**

1. Angaben zur Lerngruppe

Die ausgewählte Lerngruppe umfasst 22 Schülerinnen und Schüler (15 w, 7 m) der Klasse 11 a. Ich unterrichte den Kurs seit Beginn des Schulhalbjahres 2017/18 wöchentlich eine Doppelstunde lang. Im Allgemeinen zeigt sich die Lerngruppe freundlich, aufgeschlossen und insbesondere an handlungsorientierten Unterrichteinheiten interessiert.

Wenigen Lernenden wie zum Beispiel Elias und Emily fällt der Umgang mit Aufgabensettings, bei denen analytisches Denken erforderlich ist, per se leicht. Sie bereichern den Unterricht durch viele produktive Beiträge. Die meisten Lernenden benötigten gerade beim unmittelbaren Übergang in die Vorstufe im Unterrichtsfach Biologie vermehrt Unterstützung im Umgang mit Fachbegriffen, -texten, -präsentationen sowie praktischen naturwissenschaftlichen Arbeitsweisen. Um jeden der Schülerinnen und Schüler die erfolgreiche Arbeit an den Lerngegenständen zu ermöglichen, wird der Unterricht strukturiert, schüleraktivierend und mit Differenzierungsmöglichkeiten ausgerichtet. Besonders geeignet sind handlungsorientierte, verbindliche Lernszenarien mit einem Lebensweltbezug. Die Schülerinnen und Schüler haben Freude daran, sich zu erproben, arbeiten konzentriert in Teams und können die Unterrichtsinhalte so besser verinnerlichen. Durch eine adäquate Handlungsritualisierung (z.B. wiederkehrendes methodisches Vorgehen mit unterschiedlichen Inhalten) gewinnen die Lernenden zunehmend an Sicherheit. In den letzten Einheiten zeigten die Lernenden bereits einen souveränen Umgang mit den unterschiedlichen naturwissenschaftlichen Kompetenzbereichen, so dass Unterstützungsangebote seitens der Lehrperson reduziert, letztere oftmals als Lernbegleitung fungiert und das Anforderungsniveau insgesamt erhöht werden konnte.

Letztendlich liegt der Fokus des Unterrichtsgeschehens auf einer konstruktiven Lernatmosphäre. Basierend auf diesen Aspekten wird die folgende Hospitationsstunde ausgerichtet.

2. Thema der Unterrichtseinheit und der Stunde

Die Stunde ist Bestandteil des Lernvorhabens *Stofftransport und Biomembran* und in der Unterrichtseinheit *Die Zelle als osmotisches System* verankert. Die Frage *Weshalb wird mein Zwiebelsalat mit Dressing nach kurzer Zeit welk?* wird anhand der Durchführung der Plasmolyse beantwortet.

3. Einbettung der Stunde in die Gesamtplanung

Im Rahmen dieses Lernvorhabens kennen die Schülerinnen und Schüler bereits verschiedene Modelle von Biomembranen und den Aufbau letzterer nach dem heutigen Wissensstand. Des Weiteren können sie verschiedene Arten des Stofftransports durch die Biomembran erklären sowie die Termini Osmose, Diffusion sowie hypertonsicher, hypotonischer und iso-osmotischer Druck beschreiben. Die Kenntnisse über den osmotischen Druck wenden die Lernenden in der Doppelstunde auf den Vorgang der Plasmolyse an.

4. Schwerpunktlernziele der Doppelstunde

<u>Kompetenzbereich Erkenntnisgewinnung (Anforderungsbereich II/III)</u>

-   Die Schülerinnen und Schüler können aus einem Problem heraus (hier: welker Zwiebelsalat mit Dressing) eine Fragestellung, Hypothesen sowie ein Experiment entwickeln und durchführen.

-   Die Schülerinnen und Schüler werten ihre experimentell gewonnenen Erkenntnisse mithilfe ihres Fachwissens[1] aus und interpretieren diese im Hinblick auf die Hypothese / Leitfrage.

---

[1] An dieser Stelle ist anzumerken, dass die Lernenden noch nicht jede fachliche Begrifflichkeit im Hinblick auf die Osmose / Plasmolyse kennen; um eine Überforderung der Lernenden in dieser Stunde zu vermeiden, wurde eine didaktische Reduktion vorgenommen und weitere Fachtermini werden in die folgenden Einheiten integriert.

<u>Kompetenzbereich Kommunikation (Anforderungsbereich II/III)</u>

- Die Schülerinnen und Schüler präsentieren ihre aus dem Experiment gewonnenen Erkenntnisse (hier: Erklärung des Plasmolysevorgangs sowie Bezug zur Leitfrage / Hypothese).

5. Begründung der didaktischen Entscheidungen

Die Auswahl des Lerngegenstands lässt sich mir den Vorgaben des Hamburger Bildungsplans (2014)[2] begründen. Dieser sieht als Anforderung für den Übergang in die Studienstufe die Thematisierung von Basiskonzepten vor, zu denen unter anderem die Bereiche Diffusion und Osmose zählen. Stadtteilschule obliegt die Aufgabe, die Schülerinnen und Schüler entsprechend ihrer Lernvoraussetzungen in einem produktiven Lernmilieu zu fördern. Neben der Erlangung fachlicher Kompetenzen sollen überfachliche Fähigkeiten und Fertigkeiten gefördert werden. Zum Beispiel entwickeln die Lernenden „die Fähigkeit zum systematischen, zielgerichteten Lernen sowie die Nutzung von Strategien (…) zur (…) Darstellung von Informationen" (ebd., S. 30) und bauen ihre sozialkommunikativen Kompetenzen in Partner- und Gruppenarbeiten. Basierend auf diesen Annahmen erfolgt die Herangehensweise an den Lerngegenstand, welcher die Aspekte mithilfe sprachförderlicher Elemente beim Übergang der unterschiedlichen Abstraktionsebenen unterstützt. Ein Lebensweltbezug ist durch einen generell in der Gesellschaft häufig vorhandenen Salatkonsum geschaffen worden. Die Lernenden tragen basierend auf ihren Erfahrungen mit dem Würzen / Verfeinern von Salaten Alltagsvorstellungen in den Biologieunterricht hinein. Ausgehend von dem individuellen Vorwissen nähern sie sich dem Lerngegenstand an und haben den Auftrag, die Leitfrage am Ende der Unterrichtsstunden zu beantworten. Innerhalb der unterschiedlichen Arbeitsschritte erweitern und reflektieren die Schülerinnen und Schüler ihr Wissen. Als Differenzierungselemente stehen Satzelemente und Fachtermini

---

[2] Freie und Hansestadt Hamburg, Behörde für Bildung und Sport (Hrsg.): *Bildungsplan Stadtteilschule Biologie Klassenstufen 7-11* 2014.

bereit, welche den hypothesen- und lernzielgeleiteten Umgang mit dem Gegenstand qualitativ stützen.

6. Begründung der Methoden- und Medienauswahl

Im Stundenverlauf werden unterschiedliche Sozialformen kombiniert wie zum Beispiel die Lehrkraft-Schülerinnen und Schüler-Interaktion, Einzel-, Partner-, und Gruppenarbeiten, um jeweils funktionale Arbeitsphasen zu gewährleisten. Zur Öffnung des subjektiven Konzepts erfolgt zu Beginn eine Hinführung zur Leitfrage, um jeden der Lernenden zu aktivieren und zu motivieren. Die Schülerinnen und Schüler stellen im Anschluss Hypothesen auf und formulieren mögliche Herangehensweisen an den Lerngegenstand. Im Versuchsprotokoll werden Angaben zu den einzelnen Aspekten einer Versuchsplanung festgehalten. Nachfolgend mikroskopieren die Lernenden in Partnerarbeit selbst angefertigte Präparate einer roten Zwiebelzelle, beobachten und dokumentieren die Veränderung der Zelle nach der Zugabe von Salzlösung in Abständen von 5 Minuten. Dieser handelnde Ansatz ist für das Verständnis der Plasmolyse relevant und kann gerade anhand eines sauber angefertigten Präparats einer roten Zwiebelzelle detailliert nachvollzogen werden. Im weiteren Verlauf bereiten die Schülerinnen und Schüler in Gruppenarbeit die Beobachtungen sowohl grafisch als auch fachsprachlich in Form eines Kurzvortrags auf. In der Kleingruppe können die Lernenden vermehrt von ihren Fähigkeiten und Fertigkeiten profitieren, wodurch ein qualitativ höherer Lernertrag entsteht. Eine Verbindlichkeit wird seitens der Lehrkraft gegeben, indem die präsentierenden Gruppen ausgelost und die Vorträge mit dem Plenum ergänzt und diskutiert werden. Letztendlich findet hier eine Betrachtung des Lerngegenstands auf unterschiedlichen Abstraktionsebenen statt (der handelnden beziehungsweise gegenständlichen mit dem Mikroskopieren, der bildlichen mit dem Anfertigen von Skizzen, der sprachlichen mit der geschriebenen und gesprochenen Sprache), wodurch eine intensive Auseinandersetzung mit dem Unterrichtsgegenstand erfolgt und ein tiefgreifendes Verständnis erzielt wird. Am Ende der Einheit können somit alle Lernenden die

Auswertung mit der Beantwortung der Leitfrage / der Hypothese
fachsprachlich durchführen.

7. Verlaufsplanung (in tabellarischer Form)

Zeit	Phase (im Lernprozess)	Arbeitsform	Lehreraktivitäten	Schüleraktivitäten	Materialien
12:00	**Begrüßung – Organisatorisches** Vorstellung des Themas und des Ablaufs	L-S-S-l	L begrüßt die SuS	- zuhören - stellen den Ablaufplan vor	Tafel / Plakat mit Ablaufplan
12:05	**Thematischer Einstieg** Öffnung des subjektiven Konzepts (Lebensweltbezug) Motivation des Experiments im Unterricht	D-A-B EA Plenum	- Moderation - L zeigt eine Abbildung *„Assoziieren Sie Begriffe und formulieren Sie eine Leitfrage".* - L notiert mögliche Leitfragen -L leitet zum Unterrichtsbezug und zur anschließenden Hypothesenaufstellung über *„Formulieren Sie eine mögliche Herangehensweise im Unterricht (…) Stellen Sie*	- SuS überlegen, tauschen sich aus und berichten. -SuS formulieren und nennen die Herangehensweise im Unterricht sowie Hypothesen	OHP; M1

				Hypothesen auf."		
12:15	**Hinführung zum Experiment** Planung des Experiments	PA /KGA	- Anmoderation (erklärt verbindlichen Arbeitsauftrag, fordert zum Arbeiten auf) - steht lernbegleitend zur Seite; interveniert ggfs.	- planen das Experiment	OHP; M2	
12:30	**Zwischensicherung**	Plenum	- Moderation	-nennen Ideen		
12:40 (ca. 15 bis 20 min Mikroskopieren)	**Erarbeitung I** Mikroskopieren *(situationsabhängig ggfs. in Einzelschritten)*	PA/KGA	- Anmoderation (erklärt verbindlichen Arbeitsauftrag, fordert zum Arbeiten auf) - steht lernbegleitend zur Seite; interveniert ggfs.	- Anfertigung der Präparate; mikroskopieren, füllen Versuchsprotokoll aus	OHP; M2; Mikroskop und Zubehör (Salzlösung, Filterpapier, Präparate etc.)
13:00	**Erarbeitung II** **Austausch und Vorbereitung der Präsentationen**	GA	-Anmoderation - steht lernbegleitend zur Seite; interveniert ggfs.	-tauschen sich über unterschiedliche Arbeitsaufträge aus und bereiten Präsentationen vor	OHP; M2; Mikroskop und Zubehör (Salzlösung, Filterpapier, Präparate etc.) ggfs. AB zum Buch Zellbiologie Schrödel S. 61

Zeit	Phase	Sozialform / Methode	Lehrer-/Schüleraktivität		Medien
13:12	**Erklärung der Beobachtungen / Präsentation** ➔ Unterrichtsausstieg möglich	S-Vorträge	-Anmoderation - steht lernbegleitend zur Seite; interveniert ggfs.	-präsentieren -ergänzen, stellen Rückfragen; ggfs. Diskussion	OHP; Folienschnipsel
13:22	**Sicherung**	PA / Redekette	-Anmoderation „*Werten Sie das Experiment schriftlich im Hinblick auf die Hypothese / Leitfrage aus.*"	-stellen einen Rückbezug zur Hypothese / Leitfrage her	OHP; M2
13:29	**Ausblick und Verabschiedung** Mordgelüste – Ein Gewürz als Gift -> Enttarnung durch Erythrozyten	L-Beitrag	L-Impuls: „*Hier knüpfen wir in der folgenden Unterrichtseinheit an: Unter Erweiterung des Fachwissens werden „Mordfälle" aufgeklärt; im Fokus steht der Bezug des osmotischen Systems zu unserem Körper.*"		

<u>Didaktische Reserve (situationsabhängig je nach Stundenverlauf mehrere Varianten vorstellbar):</u>

„Erläutern Sie, warum farbstoffhaltige Zellen für die Untersuchung besonders geeignet sind."

<u>oder</u>

Methodische Reflexion

„Nennen Sie Aspekte, die heute während der Versuchsdurchführung gut funktioniert haben".

„Nennen Sie spezifische Aspekte, die Sie in den nächsten Einheiten optimieren müssen".

<u>beziehungsweise bei sehr viel Zeit:</u>

„Definieren Sie den Begriff „Deplasmolyse". Planen Sie das heutige Experiment um, so dass daran die Deplasmolyse gezeigt werden kann".

8. Anhang

- **M1: Folie mit Grafik zum Einstieg (OHP)**

- **M2: Arbeitsblatt zur Versuchsplanung und Durchführung; auch als OHP-Folie projiziert**

- **M3: geplantes Tafelbild; ggfs. auch in Plakatform zur Visualisierung während der Unterrichtsstunde**

<table>
<tr><td>StS</td><td>Name:</td><td>Biologie Jg. 11</td><td>Seite</td></tr>
<tr><td></td><td>Datum:</td><td>Stofftransport und Biomembran – Die Zelle als osmotisches System</td><td></td></tr>
</table>

M1

Folie mit Grafik zum Einstieg

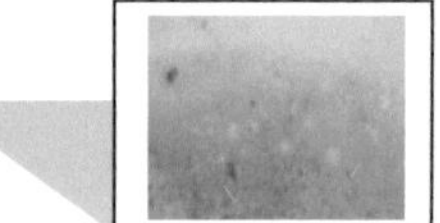

M2

1. Vervollständigen Sie das Versuchsprotokoll.

Forschungsfrage: ____

Hypothese: _______________________________

> Aufgrund von…wird die Hypothese aufgestellt, dass…

Material: ____

Versuchsaufbau:

Durchführung:

____

____

____

Beschreibung der Beobachtung:

____

____

____

Erklärung der Beobachtung auf der Teilchenebene / Zellmodellebene mit Fachbegriffen

Fachbegriffe:	destilliertes Wasser; konzentrierte Salzlösung
	hypertonisches Medium; hypotonisches Medium
	osmotischer Druck; Vakuole; Cytoplasma

	Anfangszustand	Entwicklung nach 5 Minuten	Endzustand nach 10-12 Minuten
Zeichnung			
Notizen			

Auswertung der Resultate im Hinblick auf die Hypothese / Leitfrage mit Fachbegriffen

Fachbegriffe: konzentrierte Salzlösung, hypertonisches Medium, Vakuole, Cytoplasma

____

____

____

____

Speed-Aufgabe:

Erläutern Sie, weshalb das heutige Experiment nicht mit grünen Salatblättern durchgeführt wurde (Tipp: rote Zwiebelzellen sind farbstoffhaltig).

Geplantes Tafelbild

1. Einstieg

-> Themenbezug, Relevanz

2. experimentelles Vorgehen

-> Planung

-> Durchführung

-> Präsentation

-> Sicherung

-Fließschema mit Leitfrage am Ende

-Skizzen zum Teilchen- und Zellmodell

BEI GRIN MACHT SICH IHR WISSEN BEZAHLT

- Wir veröffentlichen Ihre Hausarbeit, Bachelor- und Masterarbeit

- Ihr eigenes eBook und Buch - weltweit in allen wichtigen Shops

- Verdienen Sie an jedem Verkauf

Jetzt bei www.GRIN.com hochladen und kostenlos publizieren